BEI GRIN MACHT SICH IHR WISSEN BEZAHLT

- Wir veröffentlichen Ihre Hausarbeit, Bachelor- und Masterarbeit

- Ihr eigenes eBook und Buch - weltweit in allen wichtigen Shops

- Verdienen Sie an jedem Verkauf

Jetzt bei www.GRIN.com hochladen und kostenlos publizieren

Der Propeller als wirbelbasiertes Phänomen

Michael Dienst

Bibliografische Information der Deutschen Nationalbibliothek:

Die Deutsche Nationalbibliothek verzeichnet diese Publikation in der Deutschen Nationalbibliografie; detaillierte bibliografische Daten sind im Internet über http://dnb.d-nb.de abrufbar.

ISBN: 9783389016282
Dieses Buch ist auch als E-Book erhältlich.

Druck und Bindung: Books on Demand GmbH, Norderstedt Germany
Gedruckt auf säurefreiem Papier aus verantwortungsvollen Quellen

Das vorliegende Werk wurde sorgfältig erarbeitet. Dennoch übernehmen Autoren und Verlag für die Richtigkeit von Angaben, Hinweisen, Links und Ratschlägen sowie eventuelle Druckfehler keine Haftung.

Das Buch bei GRIN: https://www.grin.com/document/1466378

Der Propeller als Wirbel basiertes Phänomen
Vortex based Propeller Phenomenology
Michael Dienst Berlin 2024

Die herrschende Lehrmeinung erklärt den Propeller vollständig und hervorragend. Ein wirbelbasiertes Modell fügt dieser Theorie neue Aspekte hinzu. Der Aufsatz führt einen Diskurs über das Wirbel basierte Modell.

The prevailing doctrine explains the propeller completely and excellently. A vortex-based model adds new aspects to this theory. The paper discusses a vortex-based model.

Anmerkungen zum Stand der Technik

Ein Propeller (von lateinisch *propellere*, vorwärts treiben) ist ein Maschinenelement einer Antriebsmaschine mit Flügeln, die meist um eine Welle radial (sternförmig) herum angeordnet sind.[1] Die Idee des Propellers ist, die mechanische Wellenleistung einer Antriebsmaschine durch einen fluidmechanischen Prozess in jene Reaktionskraft zu wandeln, die in einer Strömung als Schub (thrust) messbar wird. Dieser Schub wird in der Lehrmeinung als Impulsänderung am Fluid behandelt. Die Schubkraft korreliert mit dem Gradienten der lokalen Geschwindigkeit: das ist die Beschleunigung an jedem Ort im Fluid. Klären wir also den Dimensionen-Zusammenhang der reaktiven (Schub-) Kraft und anderen physikalischen Größen:

Physikal. Größe		Einheit		also Einheit	Dimension
Schubkraft	F_{SCH}	$kg \cdot m \cdot s^{-2}$	N	Newton	$M \cdot L \cdot T^{-2}$
Beschleunigung	a	$m \cdot s^{-2}$			$L \cdot T^{-2}$
Geschwindigkeit	$v\infty$, c	$m \cdot s^{-1}$			$L \cdot T^{-1}$
Impuls	I	$kg \cdot m \cdot s^{-1}$	$N \cdot s$		$M \cdot L \cdot T^{-1}$
Spezifischer Impuls	i	$m \cdot s^{-1}$			$L \cdot T^{-1}$
Energie	W	$kg \cdot m^2 \cdot s^{-2}$	$N \cdot m$	J, Joule	$M \cdot L^2 \cdot T^{-2}$
Leistung	P_{SCH}	$kg \cdot m^2 \cdot s^{-3}$	$N \cdot m \cdot s^{-1}$	W, Watt	$M \cdot L^2 \cdot T^{-3}$

In der Diskussion um die Qualität eines Propellers dominiert also der Schub. Diese Reaktionskraft dürfen wir uns gerne „richtungsbehaftet" vorstellen. Sodann taucht im Diskurs das Narrativ der Energie auf: Arbeit ist (Schub-) Kraft mal Weg und dann folgerichtig vielleicht die (Propeller-) Leistung als: Arbeit pro Zeit. Das ist das Szenario der Lehrmeinung. Die wirklich spannende physikalische Größe aus der kleinen Tabelle aber ist der fluidmechanische Impuls, respektive der von der lokalen (Stoff-) Masse befreite, spezifische Impuls i$[L \cdot T^{-1}]$ im Feld. Warum ist das so?

Der spezifische Impuls ist eine extensive[2] Größe, die interessanter Weise die Dimension einer (vektoriellen) Geschwindigkeit besitzt. Extensive Größen dürfen sinnvoll addiert werden. Sie sind superponierbar und kumulativ! Die lokale Geschwindigkeit in einem Feld und der spezifische Impuls sind als vektorielle Parameter bei der Beschreibung eines Strömungsraums richtungsabhängige (Lagrange) Größen. In der analytischen und in der numerischen Berechnungspraxis dürfen wir also Impulseinträge (die vektoriell sind und von irgendwoher stammen können) mit den im Feld vorgefundenen lokalen Geschwindigkeiten bilanzieren. Beim Bilanzieren ist die Richtungsabhängigkeit des spezifischen Impulses und seine Superponierbarkeit an jedem Ort im Feld sodann ein heres Geschenk; sie besitzt aber im Diskurs um die Propellerqualität etwas froschprinzenhaftes, das nur deshalb nicht glänzend emergiert, weil die herrschende Lehrmeinung sie (die Richtungsabhängigkeit, die Superponierbarkeit und die Bilanzierbarkeit mit lokalen Geschwindigkeiten) wenig kritisch oder garnicht würdigt. Der Stand der Wissenschaft und Technik rezenter Propeller wird an anderer Stelle[3] hervorragend referiert; vielleicht so viel zur „Stammakte Propeller": als Erfinder des ersten funktionsfähigen Propellers für Bootsantriebe gilt der österreichische kaiserlich-königliche Marineforstintendant Josef Ressel, der am 11. Februar 1827 in Österreich ein entsprechendes Patent erhielt. Für moderne Propellerantriebe und ihre Wissenschaft, Forschung und Theorie ist das aber wenig relevant. Es gibt mehre grundsätzliche und unterschiedliche Herangehensweisen um über Propeller zu referieren. Eine moderne (tradierte, europäische, ja deutsche) Propellertheorie überträgt die Methode der Traglinientheorie nach Prandtl und gemäß des Kutta-Joukowski Theorems[4] auf ein rotierendes Tragflügelsystem und bringt sie, die rezente Propellertheorie, in der modernen Form der CDF (Computational Fluid Dynamic) zu Modell und Simulation. Dies soll aber nicht Gegenstand der Rede sein.

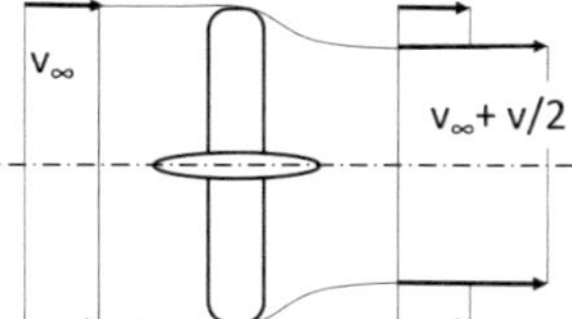

Abb.1: Beschleunigung des Luftstrahls um einen Propeller.

Es ist nicht so, dass wir uns eine falsche Vorstellung machen von einem Propeller. Unter den „Kraft- und Arbeitsmaschinen", einer beliebten Vorlesung für Maschinenbauer im Grundstudium, ist der Propeller und sein Antrieb, die Arbeitsmaschine der Primus. Wenn man dann später im Berufsleben nichts mit Propellern zu tun hat, behandelt man ihn gerne wie eine Black Box, eine um eine horizontale Achse rotierende „schwarze Tablette" in die man vorn Materie und seitlich mechanische Energie reinsteckt und aus der dann Strömung und Lärm hinten herauskommt.

Der Wirkungsgrad solle hoch sein. Das ließe sich wohl zu jeder beliebigen Maschine sagen. Die allgemeine technische Literatur (Dubbel1,2) führt in das Thema Propeller[5,6,7,8,9,10] so ein:

Vorbemerkungen zu Propeller

Propeller sind hydro- oder aerodynamische Strömungsarbeitsmaschinen meistens axialer Bauart zur Erzeugung eines Vortriebs. Der Achsschub, eine sonst lästige Nebenwirkung auf die Lager, ist hier Hauptwirkung (Impulssatz, Propellerstrahltheorie). Für Anwendungen ist die Berechnung der Propeller nach der Wirbel- oder Tragflügeltheorie sinnvoller als nach der Strahltheorie. Profile sind Göttinger, NACA-, Karmann-Treffz-, Kreissegment- oder Sonderprofile. Modellversuche entscheiden die endgültige Auslegung, insbesondere bei ungleichförmigen Geschwindigkeitsfeldern vor und hinter dem Propeller. Entsprechend den extrem hohen spezifischen Drehzahlen n_q: ~ 300 .. 1000 min^{-1} ist die Schaufelzahl niedrig: 2 bis 6 und mehr. Strömungstechnische Begrenzungen sind bei aerodynamischen Propellern die Überschall-

wirkung, bei hydromechanischen durch Kavitationswirkungen gegeben. Oft sind Festigkeits-
probleme oder Schallemissionen ausschlaggebend. Nachgeschaltete Leiträder können Verlust
durch nicht ausgenutzten Austrittsdrall minimieren, bewirken jedoch zusätzliche Reibverluste;
daher werden sie nur in Sonderfällen mit Erfolg angewendet.

Allgemein gültige Strömungsgesetze für Schraubenräder[11] in freier Strömung:
a) Schraubenschub. Eine angetriebene Schraube, die sich mit der Geschwindigkeit $v\infty$ frei in
einem unbegrenztem Medium bewegt, beschleunigt nach Abb.1. den von ihr erfassten Teil der
Strömung um den Betrag v. Nach dem Impulssatz drückt die Schraube mit der Kraft $F_{SCH}=m\cdot v$
(m sekündlich beschleunigte Masse in kg/sec) und bewirkt gemäß der Abbildung eine
Kontraktion des erfassten Strahls. In der Schraubenebene ist die Mittelgeschwindigkeit $v\infty+v/2$
vorhanden. Die Schraube erzeugt einen statischen Drucksprung von der Größe:

$$\Delta p = \rho\cdot v\ (v\infty +\ v/2)\ in\ \ N/m^2$$

Damit lässt sich der Schub F_{SCH} schreiben:

$$F_{SCH} = A\ \cdot\Delta p = A\cdot\rho\cdot v\cdot(v\infty + v/2)\ \ in\ N$$

b) Wirkungsgrad. Die Nutzleistung der Schraube ist offensichtlich $F_{SCH}\cdot\ v\infty$, andererseits erkennt
man, dass kinetische Energie $m\cdot v^2/2$ verloren geht. So lässt sich der Wirkungsgrad leicht
berechnen:

$$\eta= (F_{SCH}\cdot v\infty/(F_{SCH}\cdot\ v\infty + m\cdot v^2/2))\ = v\infty/(v\infty + v/2)$$

Die Fachliteratur zum Stand der Wissenschaft und Technik und der herrschenden Lehrmeinung
zu Schiffspropellern und aerodynamischen Axial-Arbeitsmaschinen, die in der freien Strömung
arbeiten, ist reich und reichlich kompliziert. Die Argumentation dieser (meiner kurzen Rede
und) Intervention geht einen anderen Weg.

Wirbel, Richtung, Kohärenz für eine alternative Propellerphänomenologie
Ist der Propeller auch hier als ein Rotationsflügelsystem zu sehen, interessieren jedoch weniger
die über den Ansatz des (Prandtl-Kutta-Rotations-) Tragflügels[12] gewonnenen Schubkräfte, als
vielmehr das produktive Randwirbelgebaren des rotierenden Systems. Aus diesem Wirbel-
geschehen soll später der Schub im Kern der Strömung erklärt werden. Als Arbeitsmaschine
koppelt der fluidmechanische Propeller Impuls in das Feld ein. Im Feld darf das Fluid in
Bewegung sein; es herrschet eine Anfangsrandbedingung für das Rotationstragflügelsystem
$v\infty(vx,vy,vz)$. Tatsächlich zeigen Messungen in der Ebene eines Propellers, dass hier die
Strömung (auch im bewegten Medium nach-) beschleunigt und Impuls übertragen wird: aus
der Maschine und in das Feld hinein. Es ist mehr als eine narrative Metapher, dass hinter der
Strömungsarbeitsmaschine die Stromlinien dichter liegen (Abb.1). Vergegenwärtigen wir kurz
eine Stromlinie als Geschwindigkeits-Attraktor in der herrschen Strömung: die graphische
Darstellung der vektoriellen Geschwindigkeit $\underline{c}(u,v,w)$ $[LT^{-1}]$ im Feld (Abb.2, rechts). Das ist
hübsch anzusehen: die lustigen bunten Pfeile der Geschwindigkeits-Vektoren lenken nahe dem
Propeller (Ebene15YZ) in die Strömung ein. Aber warum wollen sie das tun?
Der Impulseintrag in die Strömung ist ein wenig leichter zu „sehen" immer dann, wenn man
den Impulstransfer vom, von der stofflichen Masse befreiten, spezifischen Impuls i=I/m aus
betrachtet. Der spezifische Impuls i $[LT^{-1}]$ korreliert mit jenen Geschwindigkeiten des Fluids, die
in der Strömung (um den Propeller-Prozess herum) herrschen, mehr noch: der spezifische
Impuls <u>ist</u> die vektorielle Geschwindigkeit im Feld: $\underline{c}(u,v,w)$ =I/m $[LT^{-1}]$.
Oh! Eine weitere fluiddynamische Nettigkeit, die das Warum nicht beantwortet, also: warum
wird das Fluid beschleunigt? Hier kommt nun endlich die Wirbelphysik ins Spiel.

Als Wirbel bezeichnet die Strömungslehre eine Rotationsbewegung von Fluidelementen. Die Grundlagen der Wirbelphysik reichen zurück zu Leonhard Euler[13] und in das 18te Jahrhundert. Lagrange[14] entwickelt die für Felder so bedeutsame Potentialtheorie, aus der sich um 1800 die Feldtheorien herleiten. Zu Beginn des 19ten Jahrhunderts sind die theoretischen Fundamente einer Wirbeltheorie bereits Stand der Wissenschaft. Hermann von Helmholtz[15] (Berlin), erkennt die Stabilität von Wirbeln in Raum und Zeit (in reibungslosen Flüssigkeiten). Um 1859 formuliert von Helmholtz für fadenförmig zusammenhängende Strukturen drei fundamentale Wirbel-sätze.[16] Der erste Wirbelsatz besagt, dass sowohl die Zirkulation längs der Randkurve einer Fläche, die ganz auf dem Mantel einer Wirbelröhre liegt, verschwindet als auch, dass die Zirkulation verschiedener Querschnitte einer Wirbelröhre gleich ist. Der zweite Wirbelsatz benennt Wirbelröhren zugleich als Stromröhren im Raum und dass Wirbel an Materie anhaften und drittens, dass Teilchen, die einmal eine Wirbellinie gebildet haben, dies auch weiterhin tun (Kohärenz). Der dritte Wirbelsatz fordert die zeitliche Konstanz der Zirkulation in einer (und um eine) Wirbelröhre. Die beiden ersten Helmholtz'schen Wirbelsätze sind die Grundlage einer modernen Theorie kohärenter Wirbelsysteme.

Wirbelfäden sind Lagrange Kohärenter Systeme (LCS). Sie sind zusammenhängende Strukturen und sie besitzen eine Pfadabhängigkeit ihrer physikalischen Wechselwirkungs-Eigenschaften: sie sind deshalb Wirbelfäden im Sinne Helmholtz's. Und sie besitzen ein inneres Milieu von erstaunlicher Stabilität. Wir werden später sehen, dass es der 3. Wirbelsatz Helmholtz's ist, der eine zukünftige Wirbeltheorie hemmt.

Eine Theorie Lagrange Kohärenter Strukturen wird am Lefschetz Center for Dynamical Systems der Brown University und später an der ETH Zürich entwickelt. Das Akronym LCS (Lagrange Coherent Structures) stammt von Haller & Yuan (2000). Haller entwickelt einem Ansatz, die abstoßenden und anziehenden Fluidbewegungen in konvexen Scherschichten zu beschreiben: in Wirbelfäden und Wirbelröhren. Diese extratopologischen Systeme entwickeln eine komplexe körper- und richtungsbezogene Dynamik innerhalb einer Strömung.

Euler und Lagrange. Die weitere Rede ist von Lagrange Kohärenter Strukturen in einer Propel-lerströmung. Der fluidmechanisch wirksame Tragflügel eines Propellers schneidet rotierend durch ein ggf. bewegtes fluidisches Strömungsfeld gerade so, dass seine (rotierend durch das Feld fahrende) Tragflügelspitze die Strömung kontinuierlich durchgleitet und für den raumfesten Betrachter (Euler) eine spiralige Wirbelspur im Nachlauf des Propellers und damit von der Wirkebene achterlich abfließend, sichtbar wird. Aus der Sicht des Tragflügels (Lagrange) entsteht das fadenförmige Wirbelfilament in der Randbogenzone durch einen Umströmungsvorgang an der freien Spitze des rotierenden Tragflügels. Dieser Wirbelfaden fließt dann kontinuierlich als ein zusammenhängendes Wirbelsystem stromabwärts, ab. Der Wirbelfaden ist kohärent. Und das System ist energiereich und außerordentlich stabil! Von einem Wirbelfaden wissen wir, dass sein inneres Milieu durch die Wirbelstärke charakterisiert ist und in einer ersten Modellvorstellung als eindimensionales Fadenfilament im Sinne der Helmholtz'schen Wirbelsätze abgebildet und als Lagrange Kohärentes System (Haller) beschrieben wird. Daraus leitet sich ein prinzipielles Instrumentarium für eine numerische Simulation ab. Die von Haller beschriebenen Lagrange Kohärenten Objekte sind Trajektorien mit separierten Oberflächen, die ihre fluidische Umgebung zu organisieren in der Lage sind. Darüber hinaus sind LCS fluidische Strukturen in Strukturen! Und sie sind hinsichtlich ihrer Gestaltungsfähigkeit selbstreferentiell: sie wirken auf ihre unmittelbare Umgebung, auf sich selbst, auf ihre eigene Gestalt zurück! Eindimensionale Lagrange Kohärente Systeme (LCS) mit impliziten Eigenschaften werden als „Fluids within Fluid" identifiziert immer dann, wenn sie ein inneres Milieu besitzen und ursächlich befähigt sind zu Induktionswechselwirkungen im Feld.

Für theoretische Strömungsmodelle und aus der Anwendung der Feldtheorie ist bekannt, dass im Fluid bewegte (Punkt-) Wirbel ein instationäres Strömungsfeld erzeugen, das seinerseits als Quellpunkt auf (Punkt-) Wirbel wirkt. Mit dem Gesetz von Biot und Savart, das aus der klassischen Potentialtheorie stammt, kann das unmittelbar gezeigt werden: jeder Quellpunkt Q eines Wirbelfadens induziert in jedem Aufpunkt A im Feld eine Partialgeschwindigkeit ($\underline{c}= \Gamma/2{\cdot}\pi{\cdot}\underline{r}$) an diesem Ort.

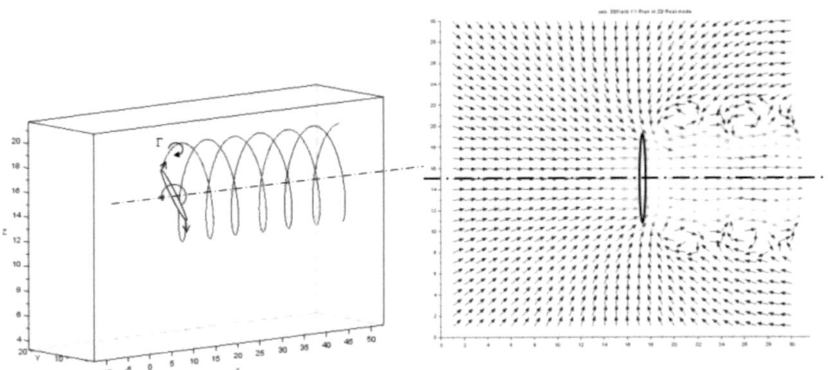

Abb.2: die Wirbelspur eines Propellers ist zirkulationsbehaftet (links im Bild, berechnet); Der durch den Propeller in das ruhende Feld induzierte Impuls (Simulation und Berechnungs-ergebnisse für ein Feld (F303030)) formt das Feld; wir sehen: die induzierte Geschwindigkeit.

Das besagt das Gesetz von Biot und Savart und gilt auch dann, wenn der Aufpunkt im Feld selbst ein Quellpunkt und Element irgendeiner anderen Wirbelstruktur ist. In einem reibungsfreien Potentialfeld setzt bei einem punktförmigen Objekt Bewegung gemäß der vektoriellen Beaufschlagung ein. Ein Wirbelfadenelement um die Quellpunkte Q induziert eine partielle Impulswirksamkeit; respektive die induzierte Geschwindigkeit $\underline{c}=\Sigma^{i,j,k}\Delta c$ in alle Punkte $P_{i,j,k}$ des Feldes. Alle Punkte des Feldes sind somit „Aufpunkte A" der fluidmechanischen Induktion im Raum. Der Abstand $\underline{QA}$ im Feld ist der Vektor $\underline{r}=\underline{QA}$. Im Simulationsmodell kumulieren die partiellen induzierten Geschwindigkeiten Δc an jedem Ort im Feld. Die induzierten Geschwindigkeiten Δc an jedem Ort sind gleichbedeutend mit dem spezifischen induzierten Impuls I_{SP}, ebendort. Die in das Feld induzierte Geschwindigkeit wird mit der Beziehung ermittelt:

$$\Delta\underline{c} = (\Gamma/4/\pi)\ \cdot\ (\,(\underline{ds}\times\underline{r})\,/\,r^3\,)$$

Wobei $\underline{ds}$ der finite Abschnitt entlang der FwF-Struktur und $\underline{r}$ der vektorielle Abstand im Berechnungsraum ist. Die Form ist die Gleichung für das Gesetz von Biot und Savart[17], die das Impuls-Induktionsgeschehen im Raum beschreibt.

Modell und Simulation des Propellers

In der Potentialtheorie werden die Helmholtz'schen Wirbelfäden als Lagrange Kohärente Systeme (LCS) verarbeitet. LCS sind von ihrem Wesen her Wirbelfäden im Sinne der Wirbeltheorie und gleichsam Fluidische Trajektorien, wie Haller sie beschreibt. LCS sind zirkulationsbehaftet, tauchen in einem Strömungsfeld separiert auf und stehen mit diesem in Wechselwirkung; mehr noch: Lagrange Kohärente Wirbelfäden sind in der Lage ein Feld zu organisieren. Aber es ist das Feld, das eine Impulsforderung formuliert immer dann, wenn es Lagrange Kohärente Wirbelfäden enthält; dem Feld sind aktive Anteile am physikalischen Wechselwirkungsgeschehen um die Impulsinduktion inhärent.

Die Einheit des spezifischen Impulses i ist Meter pro Sekunde [LT^{-1}], dieselbe wie der induzierten Geschwindigkeit. Sobald der induzierte Impuls unabhängig von der Masse eines Volumenelements ρ dV im Feld bilanziert wird, ist die induzierte Geschwindigkeit dort ein Maß für Induktionswirksamkeit. Nach einer modernen Propellertheorie (Dubbel) erfährt das fluide Kontinuum beim Betrieb eines Propellers eine ganze Reihe komplizierter Deformationen. Die derart demolierte Strömung bildet den fluidischen Nachlauf Arbeitsmaschine. Die Deformationen am Fluid stammen aus der Wechselwirklichkeit des rotierenden Tragflügels mit der Strömung. Für das einzeln betrachtete Propellerblatt imaginieren wir Tragflügelprofile, eine Ober- und eine Unterseite und am Flügel-Tip und einen Randbogenbereich: das ist der der Ansatz „Prandtl-Kutta[12]". Aus der Sicht des Fluides ist der Flügel eine „Störkontur!" Hinter (bzw. Lagrange, unterhalb) dieser Störkontur beantwortet das Fluid den für eine komplizierte Verformung des Kontinuums verantwortlichen Impulseintrag mit einer Abwärtsbewegung. Diese (Fort-) Bewegung des Fluids ist lokal, was bedeutet, dass die Arbeits- und Verformungsbewegung des Fluids nur stattfindet in unmittelbarer Umgebung der Störkontur. Am bewegten Flügel (hier dem rotierenden Propellerflügel) und für die Beobachtung des Phänomens „Fortbewegung des Fluid nach Impulseintrag an einem Arbeitstragflügel, dem Propeller, hat sich der Begriff „Downwash" etabliert. Der Begriff Downwash, stammt aus der Zeit, als man begann, das Strömungsfeld um Helikopterpropeller und dessen Impulseintrag in das Fluid zu untersuchen. Wie die Phrase „Wash" suggeriert, fügt die bewegte Störkontur dem Kontinuum nichtreversible Deformation zu. Diese führen dazu, dass dem Impulstransfer im Feld eine massive Umverteilung von Materie folgt. Beim Helikopterpropeller ist die Situation intuitiv und gut zu verstehen. Ein wenig Kopfzerbrechen bereitet der herrschenden Lehrmeinung gelegentlich der Umstand, dass unter (hinter) dem Propeller die Strömung „rotorfrei" ist! Rein physikalisch betrachtet. Meine Herren.

Der Kern der Modellierung, der Simulation und die Argumentation der Berechnungsergebnisse, verfolgt nicht die komplexe Bewegung des Fluids nach Impulsentkopplung in der Repellerebene, sondern das Strömungsfeld, wie es sich alleine aus der Induktionswechselwirkung durch eine von einer Störkontur generierte Wirbelspur herleitet.

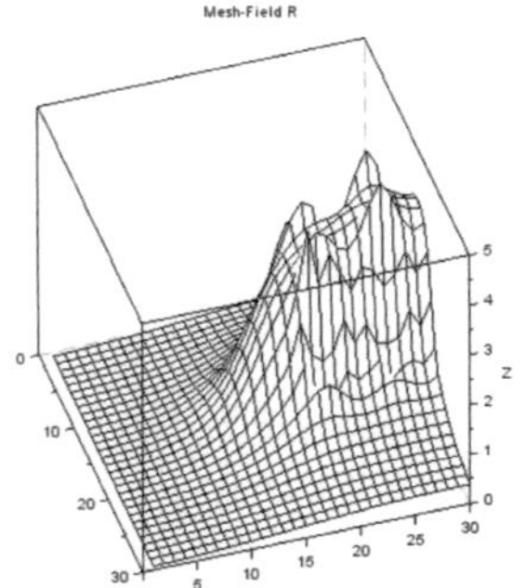

Abb.3: Ein Propeller in der Ebene E15YZ induziert ein Geschwindigkeitsfeld.

Bemühen wir an Stelle eine Theorie für fluidmechanisch wirksame Propeller ein lustiges Narrativ: „die Strömungsarbeitsmaschine fügt dem Feld eine Verdichtung der Stromlinien zu".

Aus der Umgebung werden Fluidelemente (Massenteilchen) durch eine Wirbelspule „gepumpt", was zu einer Impulsinduktion und auf einem materiellen Schub führt. Innerhalb und im Kern der fluidmechanischen Wirbelspule ist die Strömung „rotorfrei". Das theoretische Modell bestätigt demnach die experimentellen Messungen an realen Propellerströmungen.

Fazit. Na wunderbar. Die herrschende Lehrmeinung und die Theorie der Propeller beantwortet alle Fragen hinsichtlich fluidmechanisch wirksamer Propeller in einem bekanntem Licht. Alles bleibt gleich. Das ist die gute Nachricht. Gleichsam ruft eine über Wirbelfilamente argumentierte Phänomenologie der Propeller neue Fragen auf. Helmholtz'sche Wirbelfilamente, Lagrange Kohärente Strukturen nach Haller und rezente Modelle nach der Feldtheorie, sie ist in Ingenieurskreisen äußerst unbeliebt, schreiben eine Propeller-Theorie neu. Wie kann es sein, dass ein Ringwirbel oder eine Wirbelspule das Feld organisiert? Wie kann es sein, dass ein rotierendes System, ein Auftrieb-System Wirbel generiert, OHNE lokalen Auftrieb zu generieren? Eigentlich kann das nicht sein; rein physikalisch gesehen. Und auch nicht nach der herrschenden Lehrmeinung.
Wir werden diesen Widerspruch heute nicht auflösen. Aber demnächst. Vielleicht.

Mi. Dienst, im Frühling 2024

Standard-Literatur zum Stand der Technik und der Lehrmeinung über Windkrafttechnik.

[Twe 13]   Twele, J. Gasch, R. (2013): Windkraftanlagen. Grundlagen, Entwurf, Planung und Betrieb. Springer, Wiesbaden 2013

[Hau 14]   Hau, E. (2014): *Windkraftanlagen – Grundlagen, Technik, Einsatz, Wirtschaftlichkeit*. 5. Auflage. Springer, 2014

[Kal 13]   Kaltschmitt,M. , Streicher, W. , Wiese, A. (2013): Erneuerbare Energien. Systemtechnik, Wirtschaftlichkeit, Umweltaspekte. Berlin/Heidelberg 2013, S. 478.

[Kus 22]   Kusiek, A. (2022): Windenergieanlagen. Technologie - Funktionsweise – Entwicklung. Hanser Verlag

[Schu 98]   Schulz, H. (1998) Kleine Windkraftanlagen. Technik. Erfahrungen. Meßergebnisse. Ökobuch-Verlag

[Mol 90]   Molly, J. P. (1978) Windenergie in Theorie und Praxis. Grundlagen und Einsatz. Verlag C. F. Müller.

Bibliographie, Quellen und weiterführende Literatur

[Abbo-59]   Ira H. Abbott, Albert E. von Doenhoff: Theory of Wing Sections: Including a Summary of Airfoil Data. Dover Publications, New York 1959.

[Bann-02]   Bannasch, Rudolph. Vorbild Natur. In: design report 9/02, S.20ff. Blue. C Verlag Stuttgart: 2002.

[Bapp-99]   Bappert, R. Bionik, Zukunftstechnik lernt von der Natur. SiemensForum München/Berlin und Landesmuseum für Technik und Arbeit in Mannheim (Herausgeber): 1999

[Die15-7]   Dienst, Mi. (2015) Dossier über die Forschung der BIONIC RESEARCH UNIT der Beuth Hochschule für Technik Berlin, GRIN-Verlag GmbH München, ISBN (e-Book): 978-3-668-02183-9, ISBN (Buch) 978-3-668-02184-6.

[Die09-4]   Dienst, Mi.(2009) Physical Modelling driven Bionics. GRIN-Verlag München.

[DUB-95]   Dubbel, Handbuch des Maschinenbaus, Springer Verlag Berlin, 15.Auflage 1995.

[Eppl-90]   Richard Eppler: Airfoil Design and Data. Springer, Berlin, New York 1990.

[Fel 22-6]   Felgenhauer, Mi. (2022). Fluid within Fluid Modellierung. Methoden für das FwF Computing. GRIN-Verlag GmbH München, ISBN(e-Book): 9783346662620; ISBN (Buch):9783346662637, VNR: v1234590

[Fel 22-5]   Felgenhauer, Mi. (2022). Modelle und Simulation synthetischer Wirbelspulen. GRIN-Verlag GmbH München, ISBN (eBook): 9783346656353, VNR: v1225465

[Fel 22-4]   Felgenhauer, Mi. (2022). Proposal of "Fluid within Fluid" Models. GRIN-Verlag GmbH München, ISBN(e-Book): 9783346647924. VNR: v1215475

[Fel 22-3]   Felgenhauer, Mi. (2022). Aspekte von „Fluid within Fluid" Modellen. GRIN-Verlag GmbH München, ISBN(e-Book): 9783346648280.

[Fren-94]   French, M.: Invention and Evolution: design in nature and engineering. Cambridge University Press. Cambridge 1994.

[Fren-99]   French, M.: Conceptual Design for Engineers. Berlin, Heidelberg, New York, London, Paris, Tokio: Springer: 1999

[Guen-98]   Günther, B., Morgado, E. (1998) Dimensional analysis and allometric equations concerning Cope's rule.RevistaChilena de Historia Natural 71: 1989

[Gör-75]   Görtler, H. Diemensionsanalyse. Berlin Springer 1975

[Gorr-17]   Edgar Gorrell, S. Martin: Aerofoils and Aerofoil Structural Combinations. In: NACA Technical Report. Nr. 18, 1917.

[Gutm-89]   Gutmann, W.: Die Evolution hydraulischer Konstruktionen. Verlag W. Kramer: Frankfurt am Main, 1989.

[Hal-10]   G. Haller. (2010) A variational theory of hyperbolic Lagrangian Coherent Structures. Physica D: Nonlinear Phenomena,240(7):574–598,2010.

[Hal-00]   G. Haller, G.Yuan Lagrangian coherent structures and mixing intwo-dimensional turbulence, Division of Applied Mathematics, Lefschetz Center for Dynamical Systems, Brown University, Providence, RI 02912, USA Received 11 February 2000;

[Hal-01]   Haller, G. (2001). Distinguished material surfaces and coherent structures in three-dimensional fluid flows. Physica D: Nonlinear Phenomena, 149(4),

[Hal - 05]   Haller, G. (2005) An objective definition of a vortex J. Fluid Mech. 525, 1-26.

[Hal-11]   Haller, G. (2011). A variational theory of hyperbolic Lagrangian coherent structures. Physica D: Nonlinear Phenomena, 240(7),
[Hal-15]   Haller, G. (2015). Lagrangian coherent structures. Annual Review of Fluid Mechanics,

[Hal-14]   Farazmand, M., Blazevski, D., & Haller, G. (2014). Shearless transport barriers in unsteady two-dimensional flows and maps. Physica D: Nonlinear Phenomena, ESSOAr

[Hal - 13]   Haller, G., & Beron-Vera, F. J. (2013) Coherent Lagrangian vortices: The black holes of turbulence. J. Fluid Mech., 731, R4, 2013.

[Hal – 15-1] Haller, G. (2015) Lagrangian Coherent Structures. Annual Rev. Fluid. Mech, 47, 137-162.

[Hal – 15-2] Haller, G. (2015) Dynamically consistent rotation and stretch tensors for finite continuum deformation. submitted.

[Hal-16]   Haller, G., Hadjighasem, A., Farazmand, M., & Huhn, F. (2016). Defining coherent vortices objectively from the vorticity. Journal of Fluid Mechanics, 795

[Hel - 1858] Helmholtz, H. (1858) über Integrale der hydrodynamischen Gleichungen, welche den Wirbelbewegungen entsprechen. J. Reine und Angew. Math. 55, 25-55.

[Hüt-07]   Hütte, 2007, 33. Auflage, Springer Verlag. S.E147

[Hus - 86]   Hussain, A. K. M. F. (1986) Coherent structures and turbulence. J. Fluid Mech. 173, 303

[Hun - 88]   Hunt, J. C. R., Wray, A. A. & Moin, P. (1988) Eddies, stream, and convergence zones in turbulent flows. Center for Turbulence Research Report CTR-S88, pp. 193{208

[Kar-35]   Karman von,T. Burgess J.M. (1935) General aerodynamic theory: perfect fluids, In Aerodynamic Theory vol. II (cd. W. F. Durand), p. 308. Leipzig: Springer Verlag.

[Katz-01]   Joseph Katz, Allen Plotkin (2001) Low-Speed Aerodynamics (Cambridge Aerospace Series) Cambridge University Press; 2 edition (February 5, 2001)

[Kab-89]   Kaschub, M. (1989) Beitrag zur aerodynamischen Leistungsregelung des Wirbelspulen-Windenergie-Konzentrators. Fortschrittsberichte VDI Reihe 7 Nr. 163, VDI-Verlag Düsseldorf.

[Kra-86]   Krasny, R. (1986) Desingularization of Periodic Vortex Sheet Roll-up. Courant Instirute oJ' Mathematical Sciences, New York Unioersity, 251Mercer Street, Nen, York, New York 10012, received November 15, 1981; revised July 25, 1985

[Kat-19]   Katsanoulis, S., Farazmand, M., Serra, M., & Haller, G. (2019). Vortex boundaries as barriers to diffusive vorticity transport in two-dimensional flows. arXiv preprint arXiv:1910.07355 .

[Ker-17]   Kern, M., Hewson, T., Sadlo, F., Westermann, R., & Rautenhaus, M. (2017). Robust detection and visualization of jet-stream core lines in atmospheric flow. IEEE transactions on visualization and computer graphics, 24(1), 893{902.

[Liao-03]   Liao, J.C.; Beal, D.; Lauder, G.; Triantayllou, M. Fish Exploting Vortices Decrease Muscle Activty.In: Science 2003, S. 1566-1569. AAAS. 2003.

[Lech-14]   Lecheler, S. (2014) Numerische Strömungsberechnung Springer Verlag Berlin Heidelberg. ISBN 978-3-658-05201-0

[Lun-82]   T. S. Lundgren, T.S. (1982) Strained spiral vortex model for turbulent fine structure, The Physics of Fluids 25, 2193 (1982); https://doi.org/10.1063/1.863957

[Matt-97]   Mattheck, C.: Design in der Natur. RombachVerlag. Freiburg 1997.

[McW - 84]   McWilliams, J. C., (1984) The emergence of isolated coherent vortices in turbulent flow. Fluid Mech. 146, 21-43.

[McW - 84]   McWilliams, J. C., 1984 The emergence of isolated coherent vortices in turbulent flow. Fluid Mech. 146, 21-43

[Mial-05]   B. Mialon, M. Hepperle: "Flying Wing Aerodynamics Studies at ONERA and DLR", CEAS/KATnet Conference on Key Aerodynamic Technologies, 20.-22. Juni 2005, Bremen.

[Mof-84]   Moffatt, K.H. (1984) Simple topological aspects of turbulent vorticity dynamics In: Turbulence and Chaotic Phenomena in Fluids, ed. T. Tatsumi (Elsevier) 223-230.

[Nac-01]   Nachtigall, W. (2001) Biomechanik. Braunschweig: Vieweg Verlag.

[Nach-98]   Nachtigall, W. : Bionik – Grundlagen und Beispiele für Ingenieure und Naturwissenschaftler. Springer-Verlag, Berlin-Heidelberg-New York 1998.

[Nach-00]   Nachtigall, Werner; Blüchel, Kurt. Das große Buch der Bionik. Stuttgart: Deutsche Verlags Anstalt: 2000.

[Oert-11]   Oertel jr., H., Böhle, M., Reviol, Th. (2011) Strömungsmechanik, Grundlagen.Springer Verlag Berlin Heidelberg. ISBN 978-3-8348-8110-6

[PaBe-93]   Pahl. G.; Beitz, W.: Konstruktionslehre, 3.Auflage. Berlin- Heidelberg-New York-London-Paris-Tokio: Springer 1993

[Pei-89]   Peintinger, G. (1989) Theoretische und experimentelle Untersuchun-gen an einem Segelflügel-Windkonzentrator. Dissertation FB10 Technische Universität Berlin 1989.

[Rech-94]   Rechenberg, Ingo. Evolutionsstrategie'94. Frommann-Holzoog Verlag. Stuttgart: 1994.

[Scha-13]   Schade, H. (2013) Strömungslehre. De Gruyter Verlag. ISBN-13: 978-3110292213

[Sun-16]   Sun,P.N., Colagrossi, A. Marrone, S. , Zhang, A.M, (2016) Detection of Lagrangian Coherent Structures in the SPH framework, College of Shipbuilding Engineering, Harbin Engineering University, Harbin 150001, China; CNR-INSEAN, Marine Technology Research Institute, Rome, Italy; Ecole Centrale Nantes, LHEEA Lab. (UMR CNRS), Nantes, France.

[Tham-08]   Siekmann, H.E., Thamsen, P. U. (2008) Strömungslehre Grundlagen, Springer Verlag Berlin Heidelberg. ISBN 978-3-540-73727-8

[Tho-59]   Thompson, D'Arcy, W. (1959) On Growth and Form. London: Cambridge University Press. (Neuauflage der Originalschrift 1907)

[Tho-92]   Thompson, D W., (1992). On Growth and Form. Dover reprint of 1942 2nd ed. (1st ed., 1917). ISBN 0-486-67135-6

[Tria-95]   Triantafyllou, M.: Effizienter Flossenantrieb für Schwimmroboter. In: Spektrum der Wissenschaft 08-1995, S. 66–73. Spektrum der Wissenschaft-Verlagsgesellschaft mbH, Heidelberg 1995.

[Tria-87]   Triantafyllou M., Kupfer K., Bers A. (1987) Absolute instabilities and self-sustained oscillations in the wakes of circular cylinders. Physical Review Letters 59, 1914–1917. ADSCrossRefGoogle Scholar

[Tria-91]   Triantafyllou M., Triantafyllou G. S., Gopalskrishnan R. (1991) Wake Mechanics for Thrust Generation in Oscillating Foils, Physics of Fluids A, 3 (12), pp. 2835–2837.ADSCrossRefGoogle Scholar

[Tria-92]   Triantafyllou M., Triantafyllou G. S., Grosenbaugh M. A. (1992) Optimal Thrust Development in Oscillating Foils with Application to Fish Propulsion, Journal of Fluids and Structures (Accepted for Publication)Google Scholar

[Vos-15-2]   M. Voß, H.-D. Kleinschrodt, Mi. Dienst: "Experimentelle und numerische Untersuchung der Fluid-Struktur-Interaktion flexibler Tragflügelprofile", Resarch Day 2015 - Stadt der Zukunft Tagungsband - 21.04.2015, Mensch und Buch Verlag Berlin, S. 180- 184, Hrsg.: M. Gross, S. von Klinski, Beuth Hochschule für Technik Berlin, September 2015, ISBN:978-3-86387-595-4.

[Vos-15-1]   M. Voss, P.U. Thamsen, H.-D. Kleinschrodt, Mi. Dienst (2015): "Experimeltal and numerical investigation on fluid-structure-interaction of auto-adaptive flexible foils", Conference on Modelling Fluid Flow (CMFF'15), Budapest, Ungarn, 1.-4. September 2015, ISBN (Buch): 978-963-313-190-9.

[Vos-15-2]   M. Voss, (2015) Experimentelle und numerische Untersuchung flexibler Tragflügelprofile. Dissertation, Technische Universität Berlin 2015.

[Zie - 72]   Zierep, J. (1972) Ähnlichkeitsgesetze und Modellregeln der Strömungslehre.

---

[1] Ein Propeller (von lateinisch propellere ‚vorwärts treiben'); https://de.wikipedia.org/wiki/Propeller

[2] Bilanzen und Erhaltungssätze gelten für: Energie, Geld, Masse, Impuls, Ladung, Volumen, Fläche, Länge und Zeit! Die Zirkulation ist anschaulich die Rotationsgeschwindigkeit (m/s) mal einer Längeneinheit (m), beispielsweise in einem Wirbelfadensektor der Länge   s. Und damit eine extensive Größe. Intensive Größen hingegen sind „spezifisch"! Die Dichte eines Mediums ist die Masse pro Volumeneinheit, der Druck ist die Kraft pro Fläche. Temperatur ist die Energie pro Masse. Intensive Größen sind „nicht superponierbar".

[3] Hansen, M. (2023), Deutscher AERO Club. K.L.S. Ppublishing, e-Journ Nr. Al-05. https://www.segelfliegengrundausbildung.de/index.php/theoretische-spl-ausbildung/5-grundlagen/5-8-propeller

Die Flügel sind so geformt und ausgerichtet, dass sie bei der Rotationsbewegung des Rotors vom umgebenden Medium, zum Beispiel Luft oder Wasser, schräg oder asymmetrisch umströmt werden. Die Flügel erfahren dynamischen Auftrieb, dessen axiale Komponente einerseits vom Lager des Rotors aufgenommen und als Schub bezeichnet wird, andererseits eine entgegen-gesetzt gerichtete Strömung des Mediums, den Rotorabstrahl, bewirkt. Falls es nicht darauf ankommt, Druck zu erzeugen, wie etwa bei Luftkissenbooten, sondern Schub gefordert ist, dann steigt mit zunehmender Rotorfläche der Wirkungsgrad, da der Rotorabstrahl bei gleichem Impuls weniger kinetische Energie aufnimmt, wenn seine Masse zunimmt.

Die tangentiale Komponente des Auftriebs verursacht zusammen mit dem Strömungs-widerstand ein Drehmoment, das der Antrieb über die Welle liefern muss, und das den Rotorabstrahl in Drehung versetzt. Während man bei Rohrströmungen den mit der Rotation der Strömung verbundenen Energieverlust durch dem Rotor vor- und/oder nachgeschaltete Leitschaufeln stark vermindern kann, wird bei freien Strömungen möglichst eine Schnelllaufzahl von deutlich über eins gewählt3.

[4] nach Prandtl folgt für die spezifische Auftriebskraft L/b an einen Tragflügel: $L/b = \rho v \Gamma$. Gleichsam berechnen wir den dynamischen Auftrieb L [N] als den senkrecht zur Anströmung wirkende Anteil, der aus dem Auftriebsgeschehen wirkenden Luftkraft und den Widerstand W[N], entlang der Wirklinie: $L = (\rho/2)\, A\, C_L\, v^2$ und $W = (\rho/2)\, A\, C_w\, v^2$. Die Koeffizienten CL und CW (Auftriebsbeiwert und Widerstandsbeiwert) sind von der Gestalt des Profils und den Widerstandseigenschaften (Form und Oberflächenreibung) in der Strömung abhängig. In der Regel werden die Koeffizienten als Funktion des Anstellwinkels des Tragflügelprofils angegeben tabelliert.

[5] Dubbel, Taschenbuch für den Maschinenbau. Springer Verlag Berlin Heidelberg New York. 21. Auflage, 2005. Strömungsmaschinen, 4: Propeller. 4.1 Vorbemerkungen S. R49. *mein letzter Dubbel.

[6] Dubbel, Taschenbuch für den Maschinenbau, Springer Verlag Berlin Heidelberg. 13. Auflage, 1970. Mechanik; IV Strömungslehre; J. Tragflügel; S. 336, Kap. 8. Allgemein gültige Strömungsgesetze für Schraubenräder in freier Strömung (Schiffsschrauben, Propeller, Windmühlen). *mein erster Dubbel.

[7] Prandtl, L., Betz, A. (1919) Schraubenpropeller mit geringstem Energieverlust. Göttinger Nachrichten.

[8] Betz, A. (1919) Schraubenpropeller mit geringstem Energieverlust—Mit einem Zusatz von L. Prandtl. Nachrichten d. K. Gesellschaft d. Wissenschaften, Göttingen, Math.-phys. Klasse, 193-217. (In German) https://gdz.sub.uni-goettingen.de

[9] Betz, A. "Schraubenpropeller mit geringstem Energieverlust. Mit einem Zusatz von l. Prandtl." Nachrichten von der Gesellschaft der Wissenschaften zu Göttingen, Mathematisch-Physikalische Klasse 1919 (1919).

[10] Eppler, R., Hepperle, M., (1984) A Procedure for Propeller Design: Schraubenpropeller mit geringstem Energieverlust.

[11] Schiffsschrauben, Propeller, Windmühlen, Strömungsarbeitsmaschinen im Allgemeinen.

[12] Prandtl, L. (1919) Schraubenpropeller. Göttinger Nachrichten.

[13] Leonhard Euler (lateinisch Leonhardus Eulerus; * 15. April 1707 in Basel; † 7. Septemberjul. / 18. September 1783greg. in Sankt Petersburg) war ein Schweizer Mathematiker, Physiker, Astronom, Geograph, Logiker und Ingenieur. https://de.wikipedia.org/wiki/Leonhard_Euler Er machte wichtige und weitreichende Entdeckungen in vielen Bereichen der Mathematik, beispielsweise der Infinitesimalrechnung und der Graphentheorie. Gleichzeitig leistete Euler fundamentale Beiträge auf anderen Gebieten wie der Topologie und der analytischen Zahlentheorie. Er prägte große Teile der bis heute weltweit gebräuchlichen mathematischen Terminologie und Notation, beispielsweise führte er den Begriff der mathematischen Funktion in die Analysis ein. Er ist zudem für seine Arbeiten in der Mechanik, Strömungsdynamik, Optik, Astronomie und Musiktheorie bekannt.

[14] Joseph-Louis de Lagrange (* 25. Januar 1736 in Turin als *Giuseppe Lodovico Lagrangia*; † 10. April 1813 in Paris) war ein französischer Mathematiker und Astronom italienischer Herkunft. https://de.wikipedia.org/wiki/Joseph-Louis_Lagrange

[15] Hermann Ludwig Ferdinand Helmholtz, ab 1883 von Helmholtz, (* 31. August 1821 in Potsdam; † 8. September 1894 in Charlottenburg bei Berlin) war ein deutscher Mediziner, Physiologe und Physiker. Als Universalgelehrter leistete er wichtige Beiträge zur mathematischen Theorie der Optik, Akustik, Elektrodynamik, Thermodynamik und Hydrodynamik. https://de.wikipedia.org/wiki/Hermann_von_Helmholtz

[16] Die drei Wirbelsätze werden von Hermann von Helmholtz um 1859 formuliert:
Erster Helmholtz'scher Wirbelsatz:
In Abwesenheit von wirbelanfachenden äußeren Kräften bleiben wirbelfreie Strömungsgebiete wirbelfrei.
Zweiter Helmholtz'scher Wirbelsatz:
Fluidelemente, die auf einer Wirbellinie liegen, verbleiben auf dieser Wirbellinie. Wirbellinien sind daher materielle Linien.
Dritter Helmholtz'scher Wirbelsatz:
Die Zirkulation entlang einer Wirbelröhre ist konstant. Eine Wirbellinie kann deshalb im Fluid nicht enden. Wirbellinien sind geschlossen, buchstäblich unendlich oder laufen auf den Rand.

[17] Das Biot-Savart-Gesetz beschreibt das Magnetfeld bewegter Ladungen. Es stellt einen Zusammenhang zwischen der magnetischen Feldstärke H und der elektrischen Stromdichte her und erlaubt die Berechnung räumlicher magnetischer Feldstärkenverteilungen anhand der Kenntnis der räumlichen Stromverteilungen.
Nach: https://de.wikipedia.org/wiki/Biot-Savart-Gesetz

BEI GRIN MACHT SICH IHR WISSEN BEZAHLT

- Wir veröffentlichen Ihre Hausarbeit,
  Bachelor- und Masterarbeit

- Ihr eigenes eBook und Buch -
  weltweit in allen wichtigen Shops

- Verdienen Sie an jedem Verkauf

Jetzt bei www.GRIN.com hochladen
und kostenlos publizieren